Débutants Usborne

Vivre dans l'espace

Katie Daynes

Maquette : Zoe Wray

Illustrations : Christyan Fox et Alex Pang

Expert-conseil : Stuart Atkinson

Pour l'édition française :

Traduction : Lorraine Beurton-Sharp

Rédaction : Renée Chaspoul et Anna Sánchez

Sommaire

La Terre et l'espace

La Terre est une grosse planète ronde. Voici à quoi elle ressemble, vue de l'espace.

Les astronautes vont vivre et travailler dans l'espace.

Le mot astronaute signifie « voyageur des astres ».

L'entraînement

Pour devenir astronaute, il faut apprendre à vivre dans l'espace dans un centre d'entraînement spatial.

Sur Terre, quand quelqu'un saute, il s'élève puis retombe.

Une force invisible, appelée gravité, le fait retomber.

Dans l'espace, il y a très peu de gravité, tout flotte.

Les astronautes doivent s'entraîner pour savoir que faire lorsqu'ils flottent dans l'espace.

Dans un centre d'entraînement, les astronautes apprennent comment travailler tout en flottant dans l'eau. C'est comme s'ils étaient dans l'espace.

Les astronautes s'entraînent à évacuer en cas d'urgence.

Ils se laissent glisser le long d'une barre jusque sur un matelas.

Les préparatifs de vol

Les astronautes vont dans l'espace à bord d'une navette spatiale. La navette décolle d'une aire de lancement.

La navette ressemble à un avion avec un énorme réservoir de carburant et deux propulseurs blancs.

Les astronautes enfilent leur combinaison.

Ils atteignent la navette par un ascenseur.

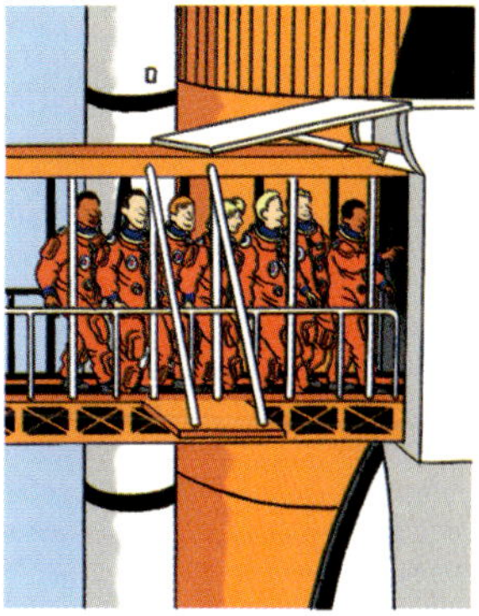

Ils traversent une passerelle pour entrer.

Les astronautes sont à l'horizontale dans la cabine de pilotage. Ils attendent le moment du départ.

Le lancement

Les moteurs commencent à brûler le carburant du réservoir. Puis les deux propulseurs sont mis à feu et la navette s'élance dans l'espace.

3... 2... 1...
Décollage !

Personne n'est autorisé à rester près de l'aire de lancement car c'est trop dangereux.

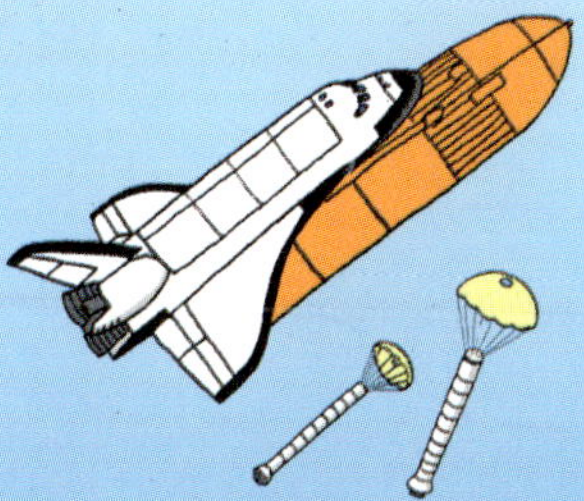

Les propulseurs retombent à la mer deux minutes après.

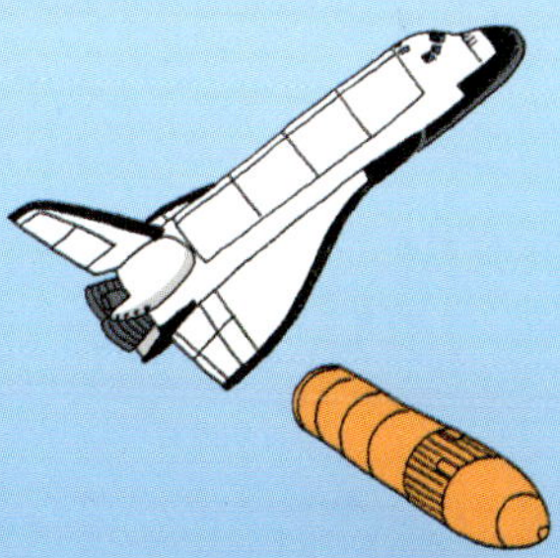

Huit minutes plus tard, le réservoir se détache.

Maintenant, la navette flotte dans l'espace.

Deux panneaux s'ouvrent à l'arrière de la navette pour éviter qu'il ne fasse trop chaud à bord.

En orbite

La navette tourne autour de la Terre en décrivant un grand cercle. On dit qu'elle est en orbite.

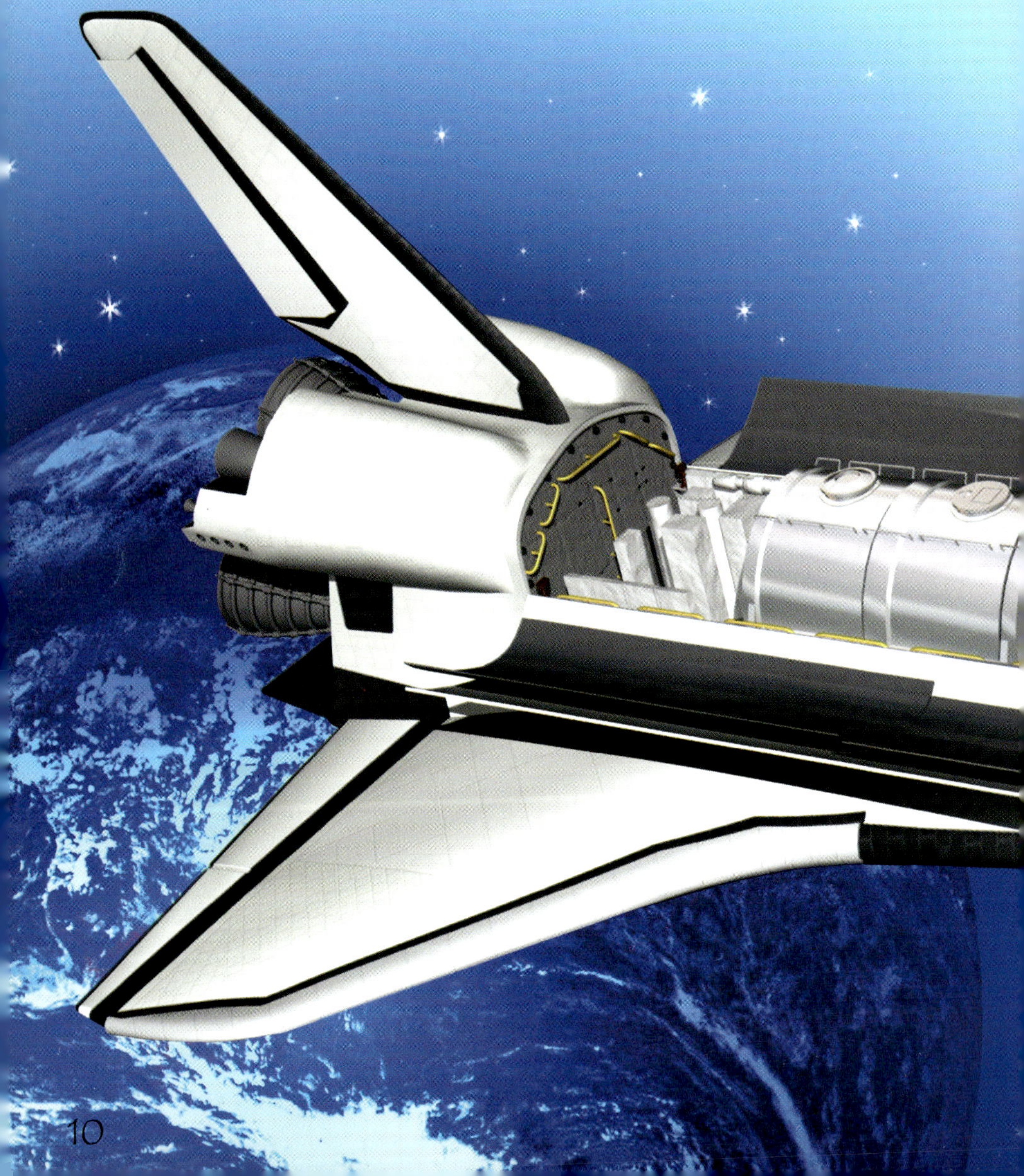

La navette parcourt une
orbite autour de la Terre
en seulement 90 minutes.

La partie centrale de la navette s'appelle la soute. Elle permet le transport de gros objets dans l'espace.

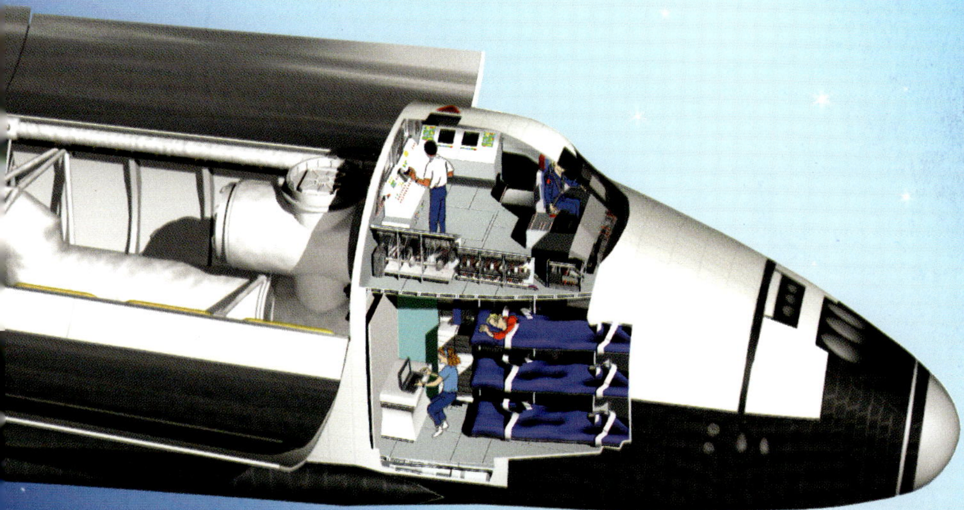

Les astronautes travaillent, mangent et dorment dans le cockpit de la navette.

Vivre dans l'espace

Certains astronautes séjournent longtemps dans l'espace. Ils vivent dans une maison flottante appelée une station spatiale.

Les astronautes construisent une immense station spatiale. Voici à quoi elle ressemblera une fois terminée.

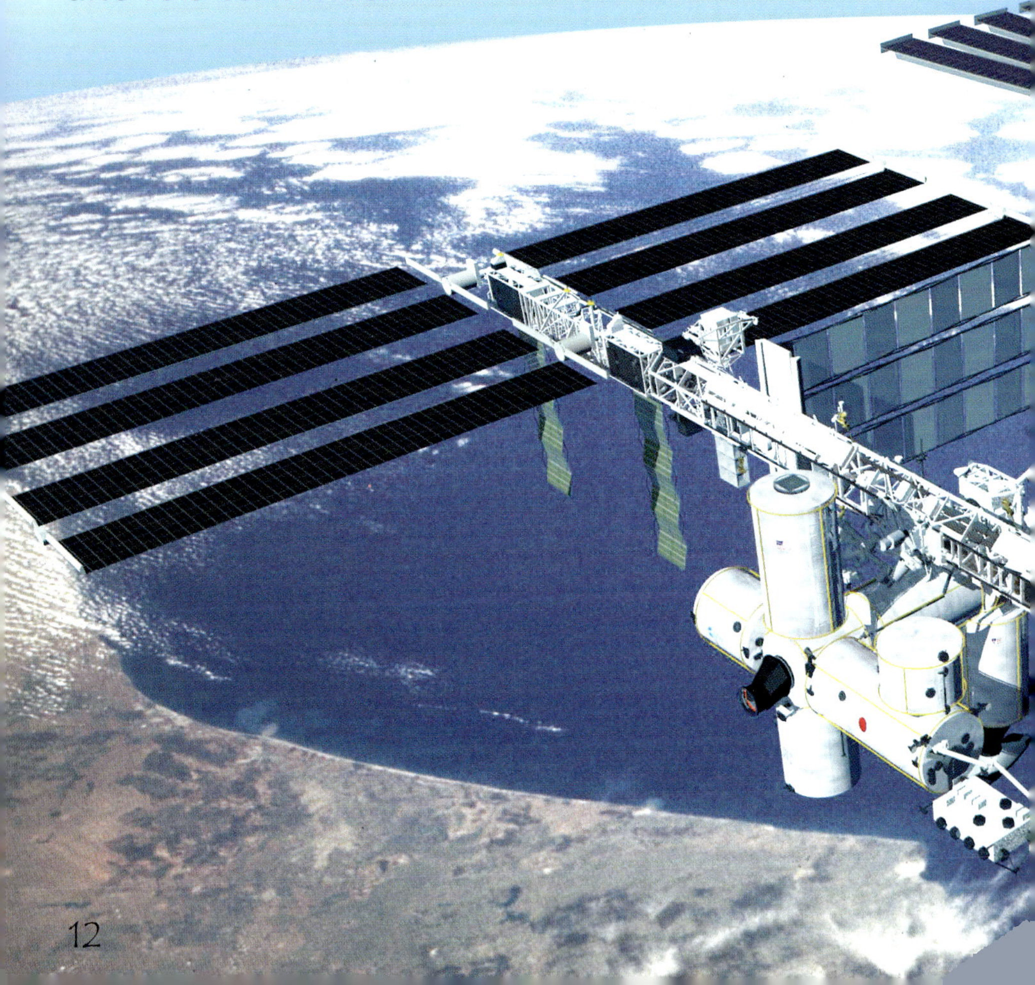

La navette voyage dans l'espace.

Elle s'approche de la station spatiale.

Puis c'est l'amarrage à la station.

Quand la station spatiale sera finie, elle aura la taille de deux terrains de football.

La station spatiale

La navette spatiale transporte du matériel pour la nouvelle station spatiale.

Un bras robot sur la navette décharge un gros module de la soute.

Puis le bras arrime le nouveau module à la station spatiale.

Certains modules sont aussi gros qu'un autobus.

Les astronautes vivent dans un module comme celui-ci.

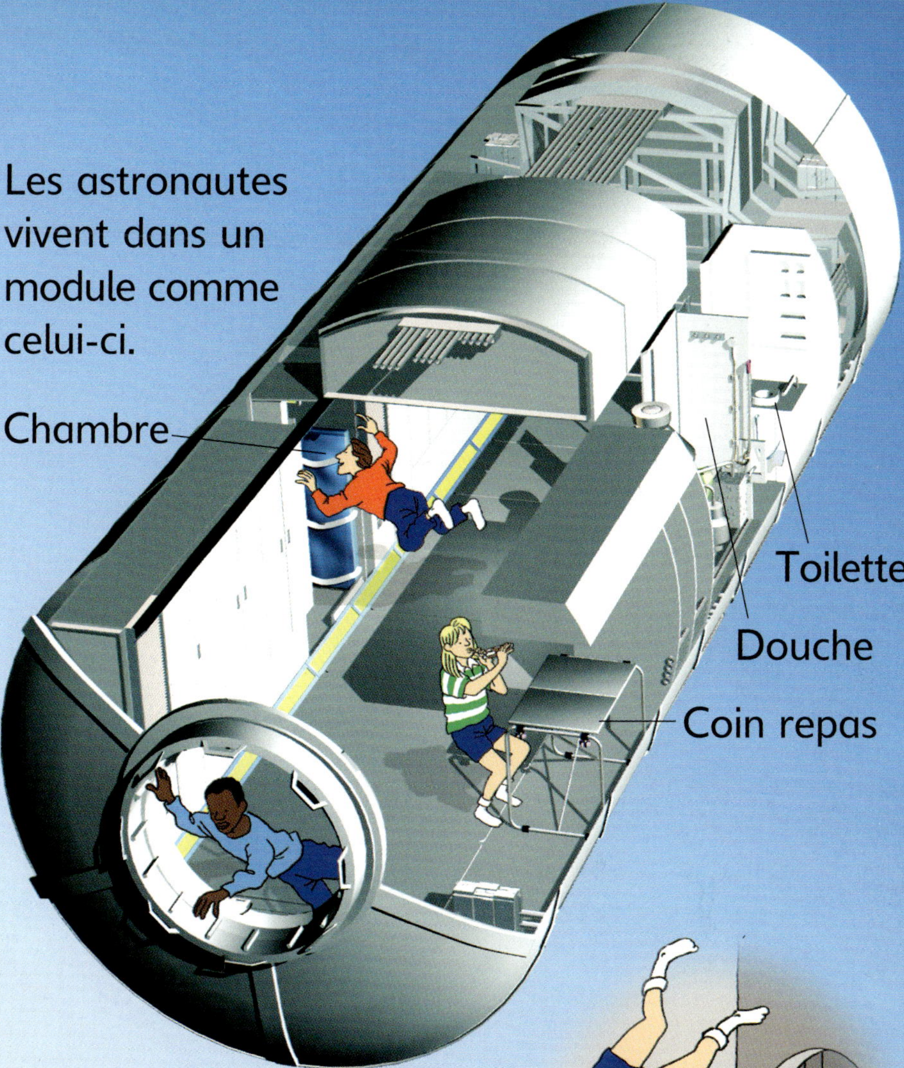

Dans la station, ils portent leurs vêtements de tous les jours.

Les repas

Lorsque les astronautes vont dans l'espace, ils emportent boissons et nourriture avec eux.

Les premiers repas spatiaux n'étaient pas très appétissants.

Bœuf aux légumes

Aliments déshydratés et sous vide.

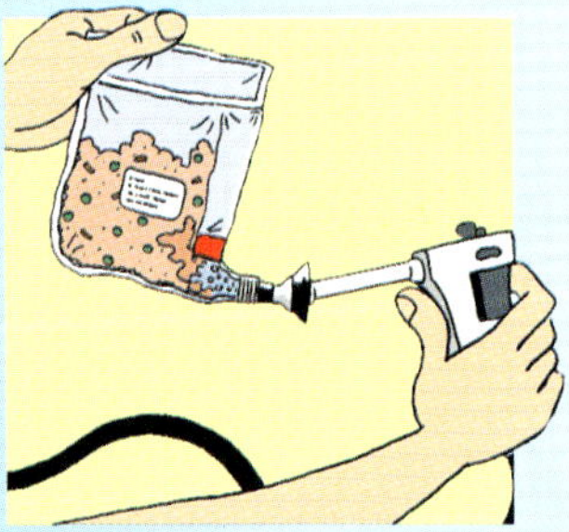

Les astronautes ajoutaient de l'eau chaude...

qui rendait la nourriture pâteuse.

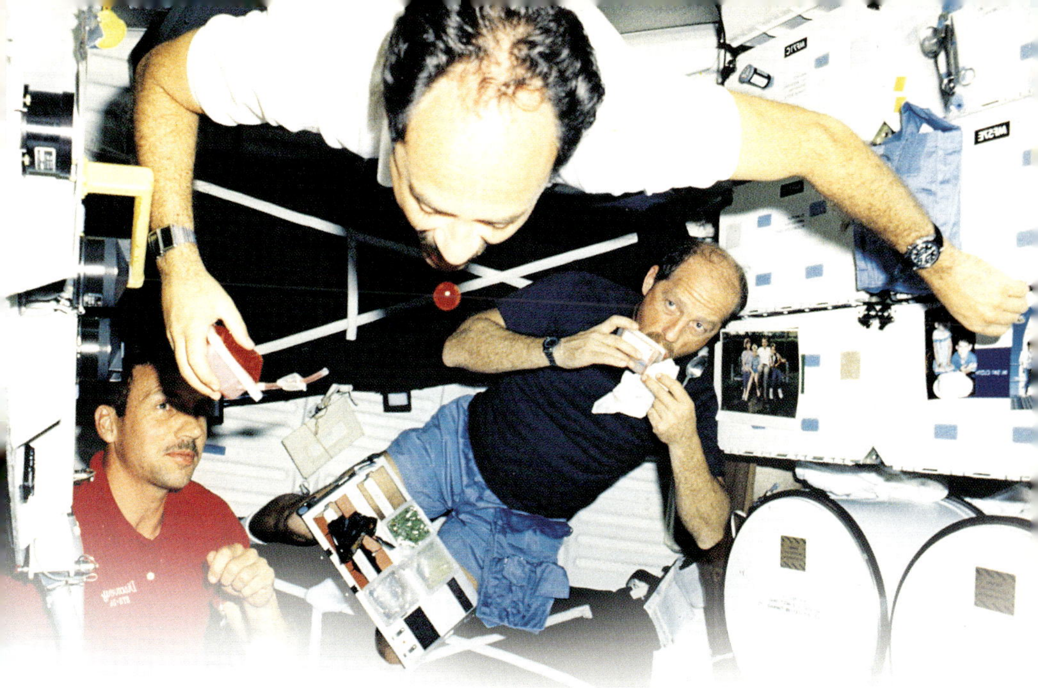

Vois-tu la goutte de boisson qui flotte vers la bouche de l'astronaute ?

De nos jours, la plupart des repas spatiaux sont des plateaux-repas tout préparés. Il suffit de les réchauffer. Les fruits sont déshydratés pour garder leur fraîcheur.

Fraises déshydratées

Le premier homme qui a marché sur la Lune mangea une glace déshydratée dans l'espace.

La toilette

Ce n'est pas facile de vivre dans l'espace. Il n'y a pas beaucoup de place et tout flotte.

Dans une douche spatiale, l'eau sort puis flotte en gouttelettes.

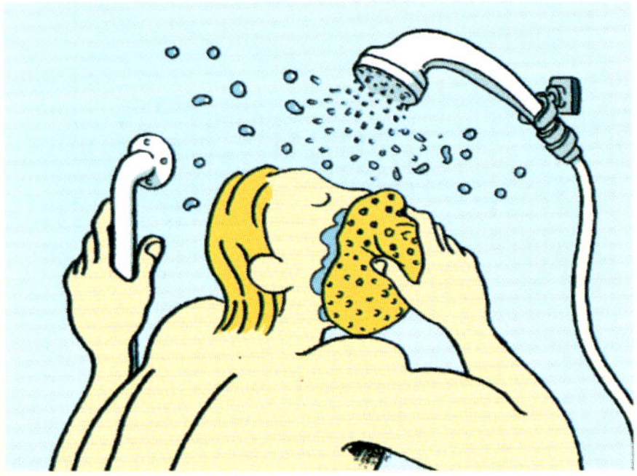

L'astronaute se tient à une poignée pour ne pas bouger pendant sa toilette.

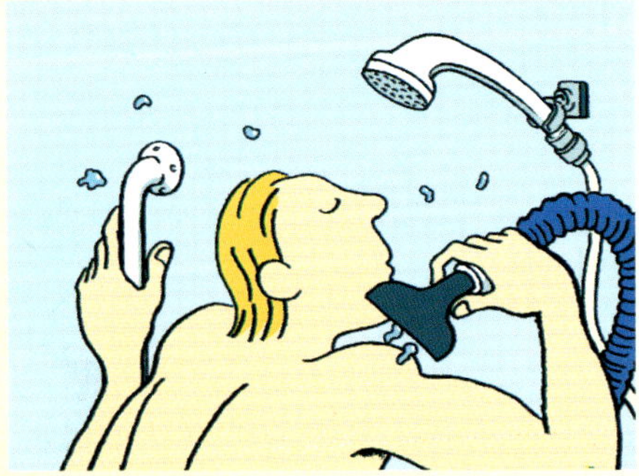

Après s'être rincé, il aspire toute l'eau avec un tuyau.

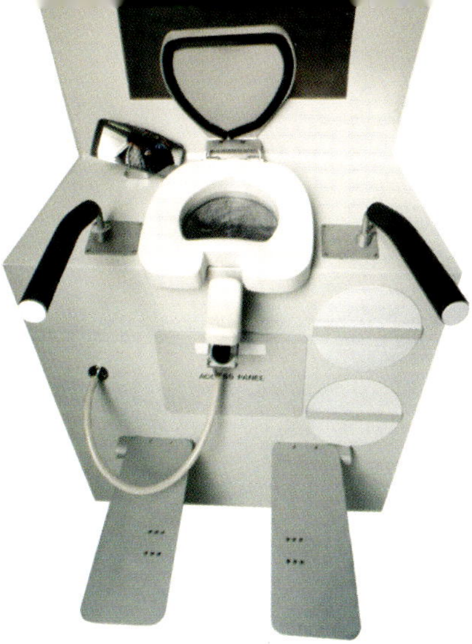

Les toilettes ont des barres et des repose-pieds pour aider l'astronaute à s'asseoir.

L'astronaute rabat les barres sur ses jambes et un puissant courant d'air aspire les déchets.

Dans l'espace, les astronautes recyclent un peu d'eau, mais ils en apportent beaucoup de la Terre, dans des réservoirs comme ceux-ci.

Une journée typique

Les astronautes travaillent dans la station spatiale. Certains travaillent dans un laboratoire, comme ici. C'est un module où ils effectuent des expériences.

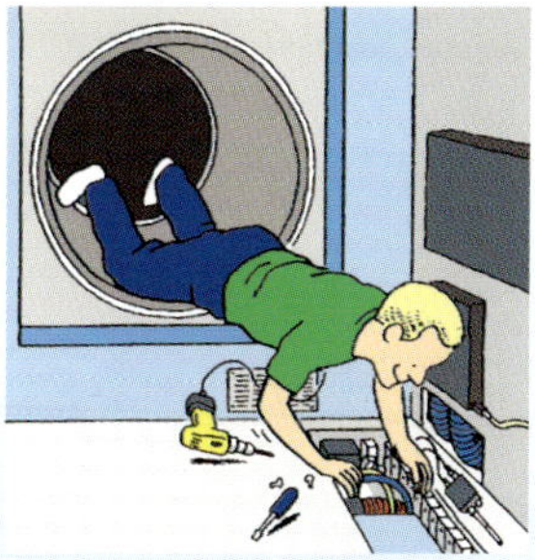

Ils installent de nouvelles pièces à l'intérieur de la station.

Ils font du sport tous les jours pour rester en forme.

Ils dorment dans un sac de couchage fixé à la paroi.

Lorsqu'ils ne travaillent pas, les astronautes lisent, écoutent de la musique, ou admirent les vues extraordinaires de la Terre.

Les astronautes communiquent avec les gens sur la Terre et envoient des messages par ordinateur.

Le scaphandre

Quand les astronautes travaillent à l'extérieur de la station spatiale, ils doivent porter un scaphandre.

La première épaisseur régule la température.

Ils ajoutent une couche externe de protection.

Ils terminent avec le casque et les gants.

À l'intérieur du casque, les astronautes ont un tube pour boire et un micro pour communiquer entre eux.

L'astronaute porte un équipement de survie, avec de l'air pour respirer et de l'eau pour réguler sa température.

Les bottes spatiales ne sont pas faites pour marcher. Les astronautes se déplacent en s'agrippant aux objets.

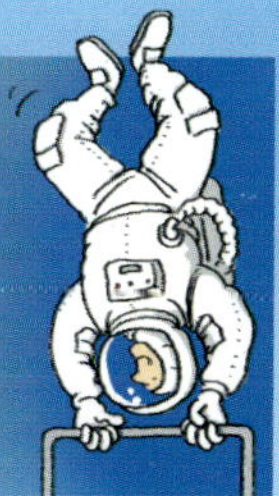

Une sortie dans l'espace

Les astronautes sortent dans l'espace par un sas. Cela empêche l'air de s'échapper de la station spatiale.

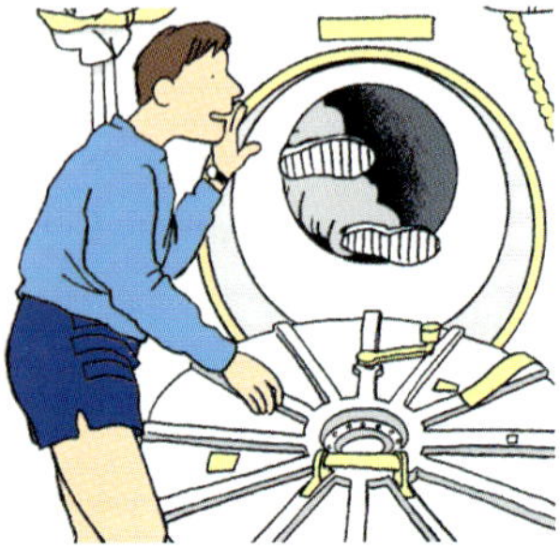

Un astronaute entre par la première porte.

Dans le sas, il enfile un scaphandre.

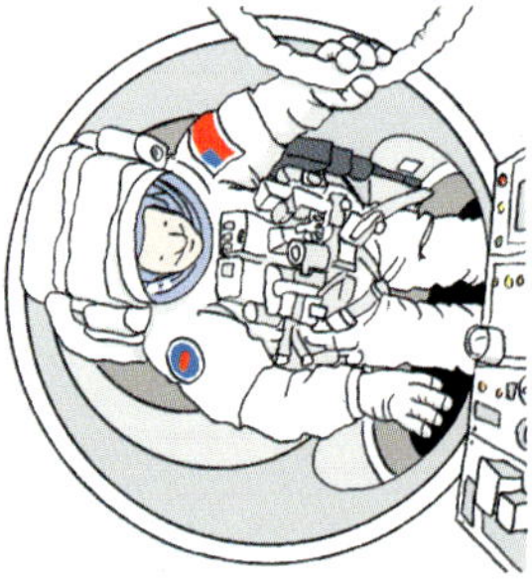

Il sort par la deuxième porte.

Parfois, l'astronaute a un « fauteuil volant » qui lui permet de se déplacer à l'extérieur de la station.

Lorsque les astronautes travaillent à l'extérieur, on parle de sortie extra-véhiculaire. Cet astronaute fait une sortie dans la soute de la navette.

Un astronaute laissa tomber un gant dans l'espace. Ce dernier flotte toujours quelque part dans l'Univers.

Le retour sur Terre

Après 90 jours à bord de la station spatiale, les astronautes reviennent sur Terre.

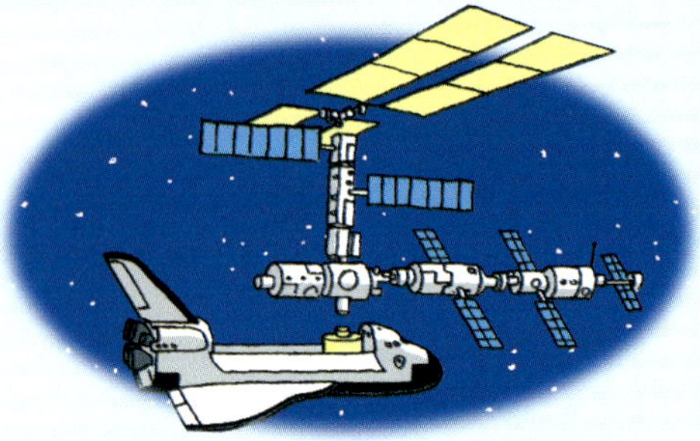

La navette quitte la station spatiale.

Elle se réchauffe à mesure qu'elle revient dans l'atmosphère.

La navette atterrit sur une piste comme un avion.

Un parachute
l’aide à ralentir.

Le séjour le plus long d’un astronaute
dans l’espace fut de 437 jours.

Les voyages spatiaux

Le premier voyage dans l'espace eut lieu en 1957.

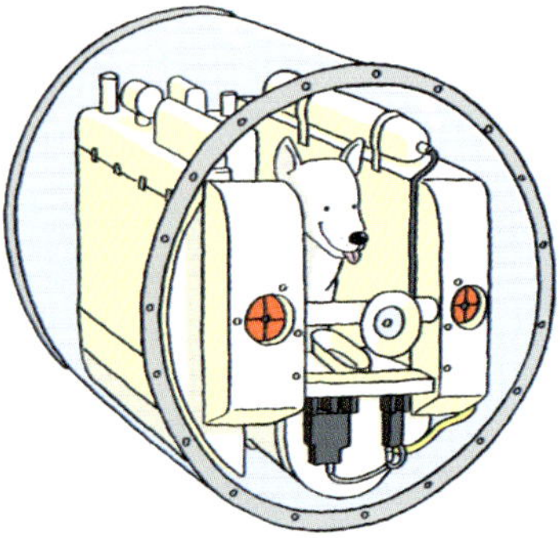

Le premier être vivant à voyager de la Terre à la Lune fut une chienne, du nom de Laïka.

En 1969, des astronautes marchèrent sur la Lune pour la première fois.

Il n'y a ni pluie ni vent sur la Lune, les traces de pas resteront donc des centaines d'années.

Tu pourras peut-être un jour voler dans l'espace dans un avion spatial comme celui-ci.

Les gens vivront peut-être dans des maisons spatiales comme celle-ci.

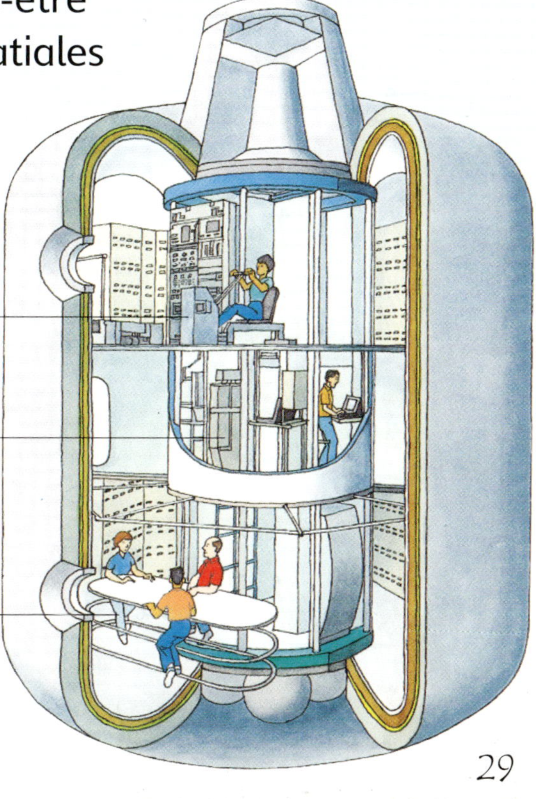

Vocabulaire spatial

Voici la liste de quelques-uns des mots utilisés dans ce livre, avec leur définition. Peut-être ne les connais-tu pas.

planète : énorme objet rond dans l'espace. La Terre est une planète.

gravité : force invisible qui attire et fait descendre les choses sur Terre.

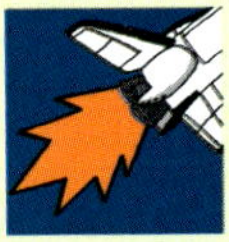

carburant : liquide qui, en brûlant, donne la force à la navette de se déplacer très vite.

être en orbite : faire le tour d'une planète en décrivant un grand cercle.

soute : partie centrale de la navette dans laquelle est transporté le matériel lourd.

laboratoire : endroit où l'on fait des expériences.

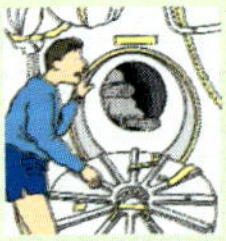

sas : espace fermé entre deux portes pour entrer et sortir d'une station ou d'une navette spatiales.

Sites Web

Si tu as un ordinateur, tu peux chercher sur Internet d'autres informations concernant la vie dans l'espace. Voici quelques sites auxquels tu peux te connecter :

Site 1 : La navette spatiale sous toutes ses coutures, avec de superbes photos commentées.

Site 2 : Un tas de questions sur l'espace posées par des enfants, avec les réponses.

Site 3 : La vie d'astronaute dans le futur, à bord de la station spatiale internationale.

Site 4 : Surfe sur ce site, sur lequel tu trouveras entre autres un terrain de jeu spatial avec des questions.

Pour te connecter à ces sites, va sur **www.usborne-quicklinks.com/fr** puis clique sur le lien du site Web qui t'intéresse. Avant de commencer à utiliser Internet, lis les conseils de sécurité donnés à la fin du livre et demande à un adulte de les consulter avec toi.

Index

Remerciements

Rédactrice en chef : Fiona Watt, Directrice de la maquette : Mary Cartwright
Maquette de la couverture : Nicola Butler

Crédit photographique

Les éditeurs remercient les personnes et organismes suivants pour l'autorisation de reproduire leurs documents : © **Bristol Spaceplanes** 29, © **Corbis** (Richard T. Nowitz) 4, (Bettmann) 6, (Image digitale © 1996 CORBIS ; Image originale NASA/CORBIS) 9, (Bettmann) 16, (Roger Ressmeyer) 19, © **Digital Vision** Couverture, 3, 26, © **Genesis Space Photo Library**, 7, 19, © **NASA** Couverture, 1, 5, 8, 12-13, 19, 20, 21, 23, 24, 25, 26-27, 28, 31

Nos remerciements à Katie Towers (Buxton Foods Ltd) pour les fraises déshydratées.

Tous les efforts ont été faits pour retrouver et remercier les propriétaires de copyright. L'éditeur s'engage à rectifier toute omission éventuelle, s'il en est informé, dans toutes rééditions à venir.